国网重庆市电力公司设备管理部　编

电力通道“三清理”工作手册

图书在版编目（CIP）数据

电力通道“三清理”工作手册 / 国网重庆市电力公司设备管理部编 . —北京：中国电力出版社 , 2022.6

ISBN 978-7-5198-6843-7

Ⅰ . ①电… Ⅱ . ①国… Ⅲ . ①电力工业－安全生产－手册 Ⅳ . ① TM08-62

中国版本图书馆 CIP 数据核字（2022）第 101415 号

出版发行：中国电力出版社
地　　址：北京市东城区北京站西街 19 号（邮政编码 100005）
网　　址：http://www.cepp.sgcc.com.cn
责任编辑：安小丹（010-67412367）
责任校对：黄　蓓　常燕昆
装帧设计：赵姗姗
责任印制：吴　迪

印　　刷：北京瑞禾彩色印刷有限公司
版　　次：2022 年 7 月第一版
印　　次：2022 年 7 月北京第一次印刷
开　　本：710 毫米 × 1000 毫米　16 开本
印　　张：6
字　　数：80 千字
印　　数：0001—3500 册
定　　价：71.50 元

编委会

前　言

电力通道具有分布区域广、地形环境复杂多变等特点，面临树竹、机械施工、空飘异物等多种安全隐患。“三清理”工作围绕电力通道内主要存在的树竹、固定点外破、移动点外破这三类隐患，开展排查、治理以及防控工作，提高电力设施抵御自然灾害和人为损坏的能力，保障其安全稳定运行。

多年来，国家电网有限公司一直高度重视电力通道安全环境治理工作，组织开展通道风险评估、隐患排查，大力应用技术防控措施，电力通道安全运行水平逐年提升。国网重庆市电力公司组织开展“防外破　保供电　庆华诞”专项行动，切实压降电力设施外破跳闸，成效显著。

为总结电力通道“三清理”工作经验，指导运维单位电力通道精益化管理，依据《中华人民共和国安全生产法》《中华人民共和国电力法》等法律法规，结合国家电网有限公司相关要求，国网重庆市电力公司设备管理部组织编制了《电力通道“三清理”工作手册》，充分呈现了“三清理”工作的关键技术和管理成果，主要包括保障体系、隐患排查与处置、隐患防控、档案管理、典型案例等内容。

由于编写人员水平有限，书中难免存在不妥或疏漏之处，恳请批评指正。

编　者

2022 年 5 月

目 录

第 1 章　概述

1.1 “三清理”定义

根据多年来架空电力线路运行经验，通道隐患排查和防控治理是线路安全运行的关键。电力通道“三清理”工作是指针对架空电力通道树竹、固定点外破、移动点外破这三类隐患开展的排查、治理以及防控工作。结合这三类隐患的性质和特点，分级落实“杜绝、避免、严控”的管理要求，能有效提升电力通道安全防护水平。

1.2 架空电力线路保护区

架空电力线路保护区是指导线边线向外侧水平延伸并垂直于地面所形成的平行面内的区域。各电压等级架空电力线路的导线边线延伸距离如表 1-1 所示。

表 1-1　　各电压等级导线边线延伸距离

电压等级（kV）	1 ~ 10	35 ~ 110	220 ~ 330	500 ~ 750	±800	1000	±1100
边线延伸距离（m）	5	10	15	20	30	30	40

1.3 隐患分类

1.3.1 树竹隐患

树竹隐患是指在电力线路下方或附近，存在超高和倒树距离不足的树竹。例如，树竹因自然生长，或因覆雪、风害、砍伐等发生倒伏，导致与线路安全距离不足的隐患。

图 1-1　线路下方树竹超高

图 1-2　线路通道附近倒树距离不足

1.3.2　固定点外破隐患

固定点外破隐患是指电力线路下方或附近长期存在易引发外力破坏事件的隐患，呈现隐患数量集中、类型繁多等特点。

（1）电力线路附近开挖、钻探、爆破等作业。

图 1-3　杆塔基础开挖

图 1-4　线路基础附近高切坡

图 1-5　线路下方非法堆土

图 1–6 线路附近施工爆破

(2) 电力线路附近垃圾场、废旧物品堆放点、施工工地、蔬菜大棚、高层建筑等场所存在轻质物体。

图 1–7 线路下方蔬菜大棚

图 1-8　线路下方塑料薄膜

图 1-9　线路附近彩钢棚

图 1--10　线路附近废品收购站

（3）电力线路附近园区开发、基础设施建设等使用大型机械。

图 1–11　线路附近塔吊施工

图 1–12　线路附近的架桥施工

（4）电力线路下方存在鱼塘，钓鱼时鱼竿、鱼线碰触导线或与导线距离不足。

图 1-13　线路附近鱼塘（一）

图 1-14　线路附近鱼塘（二）

1.3.3　移动点外破隐患

移动点外破隐患是指临时进入电力通道可能引发外力破坏事件的隐患，呈现随机性强、地理环境好等特点。

（1）临时靠近电力线路施工的移动吊车、挖掘机、水泥泵车、强夯机、翻斗车、钻孔机等超高、超长机械。

图 1–15 线路附近吊车作业

图 1–16 线路附近水泥泵车作业

图 1–17 线路附近旋挖机作业

图 1-18　线路下方吸盘车作业

（2）车辆发生交通事故，撞击道路附近杆塔。

图 1-19　线路遭受撞击

图 1-20　杆塔附近发生交通

（3）电力线路附近的野钓、放风筝活动。

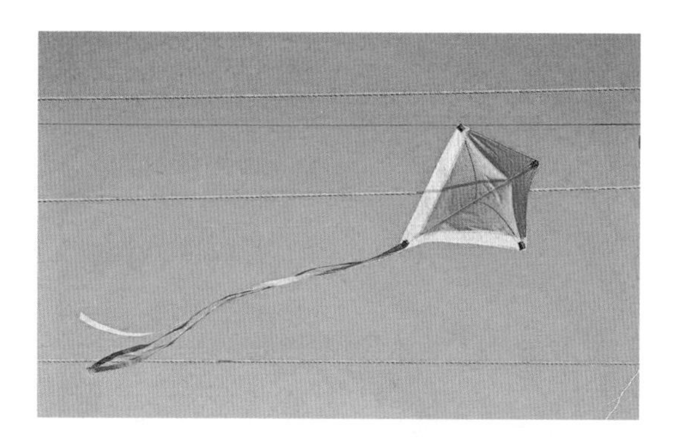

图 1-21　线路附近放风筝

图 1-22　线路附近野钓

（4）通航河流水位变化，电力线路与通航船舶净空距离不足。

图 1-23　跨江电力线路导线

图 1-24　线路下方船舶吊装作业

1.4　隐患等级划分

依据《国家电网有限公司安全隐患排查治理管理办法》的隐患分级原则，根据隐患的危害程度，“三清理”隐患主要涉及较大、一般隐患两类。

表 1-2　　隐患等级划分

序号	隐患级别	电压等级	隐患风险内容
1	较大隐患	750kV 及以上	架空线路保护区内存在机械施工、未采取相关保护措施
		10 ~ 35kV	在自然保护区的核心区和缓冲区、世界自然遗产地、国家级公益林地、国家森林公园等重要保护林地，输配电线路未按要求及时清除下方与导线安全距离不足、两侧与导线水平风偏距离不足、附近存在向线路侧倾倒风险的树障隐患
2	一般隐患	500kV 及以下	防碰撞设施缺失或损坏，失去防碰撞作用
		500kV 及以下	线路对各类管线、树木、地面、建筑物、公路、桥梁以及防火间距等交跨、风偏距离满足规定值，但处于临界状态，裕度值低，随着检修或周边环境变化即可能造成距离小于规定值

续表

序号	隐患级别	电压等级	隐患风险内容
2	一般隐患	500kV 及以下	线路保护区内有烧荒、烧秸秆、放风筝、开山炸石、爆破作业、大型机械施工等行为，可能危及线路安全运行
		500kV 及以下	在易发生外力破坏事件、跨（穿）越交通、航道设施以及必要设置标识的线路杆塔上或线路附近，未设置醒目的禁止、警示、警告类标识或宣传告示
		500kV 及以下	线路通道 500m 范围内存在大面积塑料大棚、薄膜、大型横幅、彩钢板及其他易漂浮物等，且未采取有效固定措施
		10kV	除自然保护区、国家级森林公园外，其他区域线路通道保护区内树木距导线距离，在最大风偏情况下水平距离：架空裸导线≤ 2m；或在最大弧垂情况下垂直距离：架空裸导线≤ 1.5m

第 2 章
保障体系

2.1 管理体系

“三清理”工作是电力设施保护的重要组成部分，构建以省电力公司党建部、安监部、设备部、营销部、调控中心等相关职能部门，各运维单位党建部、安监部、运检部、调控中心、营销部等相关部门为主的“三清理”工作管理体系，并开展相关工作。

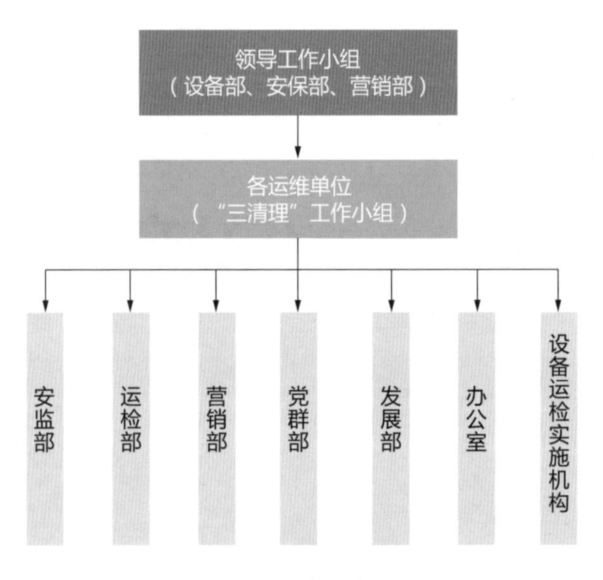

图 2-1 管理体系

2.2 培训与宣传

(1) 运维单位每半年结合“五进”（进工地、进企业、进街道、进村社、进校园）活动，开展不少于一次培训、宣传工作，在工业园区向建筑工地负责人、安全管理人员、特种施工作业人员等进行电力设施保护培训；根据现场施工作业情况，不定期走访各建筑工地、园区、大型工程项目部，进行电力设施保护宣传工作。

图 2–2　工业园区宣传与培训

（2）与当地电视台、交通广播、微信公众号、论坛等新闻媒体建立常态化宣传机制，通过发布宣传视频、公益广告，开展电力设施保护宣传。

（3）在特种车辆作业相关协会组织，通过微信群、座谈会等方式进行宣传和培训，使用短信或微信常态开展安全提醒和近期故障事件宣传。

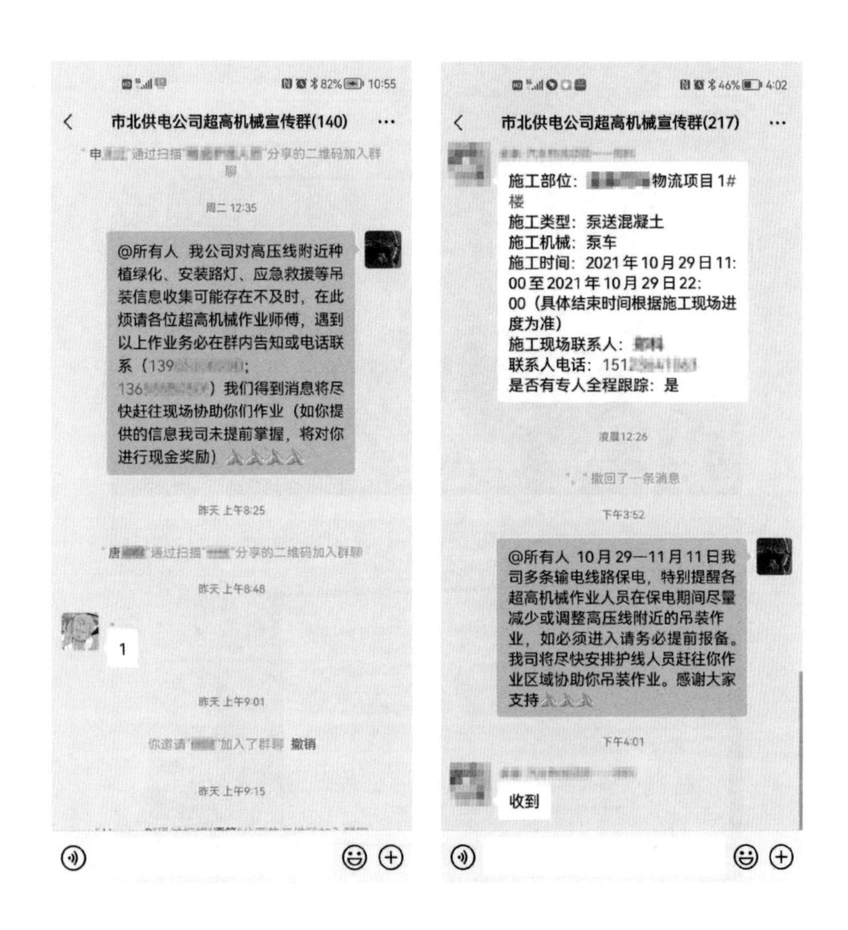

图 2-3　微信群宣传

(4) 建立特种工程车辆车主、驾驶（操作）员及大型工程项目经理、安全员等人员信息数据库，开展电力安全知识培训，定期发送安全提醒短信、微信，常态化开展宣传工作。

(5) 与属地政府和公安部门建立合作机制，将各种施工信息及安全防护措施信息共享，借助政府力量做好电力设施保护宣传，将电力设施保护相关知识纳入到特种（超高）机械车辆、塔吊驾驶（操作）员等培训内容，提升特种车辆作业人员电力设施保护意识。

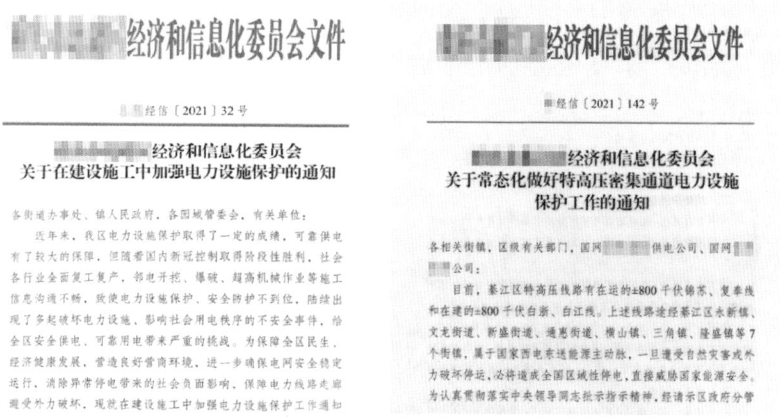

经济和信息化委员会文件

经信〔2021〕32号

经济和信息化委员会
关于在建设施工中加强电力设施保护的通知

各街道办事处、镇人民政府、各园城管委会、有关单位：

近年来，我区电力设施保护取得了一定的成绩，可靠供电有了较大的保障，但随着国内新冠控制取得阶段性胜利，社会各行业全面复工复产，邻电开挖、爆破、超高机械作业等施工信息沟通不畅，致使电力设施保护、安全防护不到位，陆续出现了多起破坏电力设施、影响社会用电秩序的不安全事件，给全区安全供电、可靠用电带来严重的挑战。为保障全区民生、经济健康发展，营造良好营商环境，进一步确保电网安全稳定运行、消除异常停电带来的社会负面影响，保障电力线路走廊避受外力破坏，现就在建设施工中加强电力设施保护工作通知

经济和信息化委员会文件

经信〔2021〕142号

经济和信息化委员会
关于常态化做好特高压密集通道电力设施保护工作的通知

各相关街镇，区级有关部门，国网供电公司、国网公司：

目前，綦江区特高压线路有在运的±800千伏锦苏、复奉线和在建的±800千伏白浙、白江线。上述线路途经綦江区永新镇、文龙街道、新盛街道、通惠街道、横山镇、三角镇、隆盛镇等7个街镇，属于国家西电东送能源主动脉，一旦遭受自然灾害或外力破坏停运，必将造成全国区域性停电，直接威胁国家能源安全。为认真贯彻落实中央领导同志批示指示精神，经请示区政府分管

图 2-4　政企协同机制

（6）发展群众护线组织，定期开展培训和宣传，与群众护线人员建立畅通的沟通联系，加强对电力设施保护知识传播和现场信息反馈，有效预防安全事故的发生。

图 2-5　发展群众护线员

图 2-6　群众护线员现场培训

(7) 开展树竹种植监护与宣传，通过发放宣传单、设立警示牌等手段，宣传严禁在电力通道附近、下方种植高杆或速生树种，防控树竹隐患。

图 2-7　开展树竹种植监护与宣传

2.3 管理机制

2.3.1 党建引领机制

运维单位各级党组织结合“三会一课”、主题党日，深入学习领会防外破工作部署，统一思想，提高认识，凝聚干部职工力量。将防外破工作纳入“党建+”工程重要内容，完善“党委抓统筹、专业抓融合、党支部抓落实”的工作格局，用党建优势推动防外破工作取得实效。

基层党组织把防外破攻坚工作作为检验战斗堡垒作用的试金石，坚持旗帜领航，创新形式载体，成立共产党员突击队，广泛创建防外破党员示范岗、责任区，示范带动广大党员坚持“三个一点”，勇挑重担、攻坚克难，发挥先锋模范作用。

完善群众护线体系，开展电力设施保护宣传“五进”（进工地、进企业、进街道、进村社、进校园）活动，带动广大员工在日常巡视工作中同步开展周边群众宣传工作，播撒“电力设施保护人人有责”种子，发展护线人员，在防外破攻坚中架起党群连心桥。

图 2–8　电力设施保护“五进”宣传

2.3.2　内部协作机制

单位内部各部门应互相协同。运检部门从设备迁改、设备验收等环节协同；营销部门从用电报装、用户送电、用电检查等环节进行协同，必要时对隐患现场进行停（限）电，由运检、安监部门确认后，方可送电；规划部门从涉电业务办理、地区规划协办等环节进行协同；工程部门从涉及的用户工程等环节进行协同。

图 2-9　必要时对隐患现场采取停电措施

2.3.3　安全协议机制

与电力通道内或附近可能危及安全的相关单位签订书面安全协议，明确双方责任、义务和具体安全防控措施，约定违反安全协议造成后果的赔偿及补救措施、经费保障等内容。

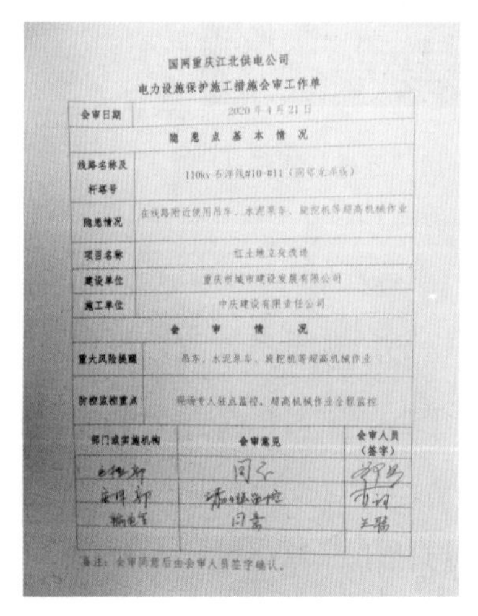

国网重庆江北供电公司

电力设施保护施工措施会审工作单

会审日期	2020年4月21日	
隐患点基本情况		
线路名称及杆塔号	110kv 石洋线#10-#11（同塔充洋线）	
隐患情况	在线路附近使用吊车、水泥泵车、旋挖机等超高机械作业	
项目名称	红土地立交改造	
建设单位	重庆市城市建设发展有限公司	
施工单位	中庆建设有限责任公司	
会审情况		
重大风险提醒	吊车、水泥泵车、旋挖机等超高机械作业	
防控监控重点	现场专人驻点监控、超高机械作业全程监控	
部门或实施机构	会审意见	会审人员（签字）
[illegible]	同意	[illegible]
[illegible]	[illegible]	[illegible]
输电室	同意	[illegible]

备注：会审同意后由会审人员签字确认。

红土地立交改造工程施工

临近110千伏高压线附近超高机械作业

安全施工方案

编 制 人：蔡涛

审 核 人：王世强

编制单位：中庆建设有限责任公司

编制日期：2020年4月

图 2-10　书面安全协议

2.3.4　措施备案审查机制

对施工类安全隐患，应由安监、运检专业共同现场勘察，结合隐患实际情况，向隐患责任单位提出具体要求，协助其制订相应的施工安全措施，该安全措施必须经该项目建设、监理单位审查认可，并报运维单位备案。对于涉及技术复杂的保护措施，要求隐患责任单位聘请专业机构进行论证和审查。

中铁八局集团有限公司
重庆轨道交通 4 号线二期土建 3 标项目经理部

干鱼区间琏洛线 110KV 高压线
安全施工方案

编制：
审核：
审批：

中铁八局集团有限公司重庆轨道交通 4 号线
二期土建 3 标项目经理部
2021 年 3 月

图 2-11　联合查勘隐患现场

2.3.5 停电督促整治机制

送达安全隐患告知书后，在期限内未整改完毕或拒绝整改的隐患，以及造成电力通道外力破坏事实的肇事现场，应及时依法采取停电整治手段，同时在实施过程中做好告知取证工作。停电督促整治由各运维单位运检专业提出申请，安监专业牵头协调相关部门配合实施。

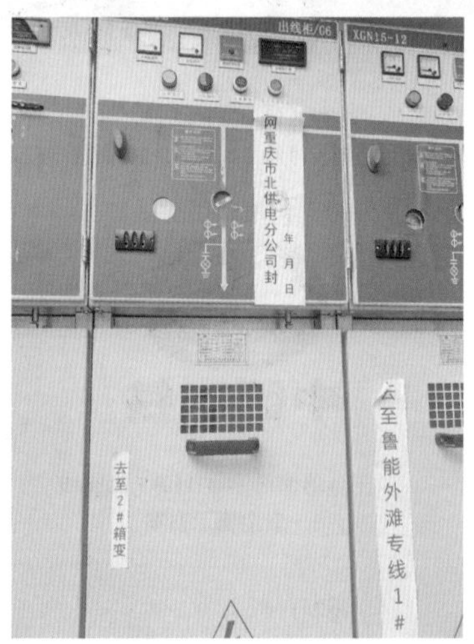

图 2-12 停电整改

2.3.6 负面清单机制

建立外破隐患负面清单制度，若建设施工单位（个人）存在未完成整改的安全隐患，或者引发了电力通道安全事故，应将其纳入负面清单管理。

负面清单内单位（个人）在申请办理电力迁改、规划协办等相关业务时，需解决相关问题后才予办理。

国网 市北供电分公司文件

安监〔2022〕4号

国网
关于报送2022年1月至2月防外破电力设施负面清单事项的报告

产业促进局、 应急管理局：

为进一步加强电力设施安全保护工作，实现防外破电力设施关口从事后处置查处转变为事前预防、事中风险控制，市北供电公司在积极发动人民群众、依靠政府行政力量的同时，不断加强人防物防技防措施。目前大部分施工单位能按安全协议及安全措施约定做到作业前主动报备，但仍有个别单位不落实相关要求，对此市北公司依法依规中止施工现场电源督导安全整顿。

现报送2022年1月至2月防外破电力设施负面清单事项。

特此报告。

2022年1月至2月防外破电力设施负面清单事项统计表

所在区	涉事单位（或个人）	涉事日期	备注
江北区	江北区交通局、周口 路桥工程有限公司	2022.1.8	外破肇事
两江新区	重庆 新兴科技发展有限公司，重庆 （集团）有限公司	2022.1.10	外破肇事
江北区	重庆 房地产开发有限公司，重庆 建筑工程有限公司	2022.2.26	外破肇事
江北区	重庆市 有限公司、重庆 有限公司	2022.1.4	侵入保护区违规作
江北区	重庆 有限公司、重庆 有限公司	2022.1.20	侵入保护区违规作
渝北区	重庆 科技有限公司、 建设股份有限公司	2022.1.12	侵入保护区违规作
渝北区	重庆 建设有限公司、重庆 实业有限公司	2022.1.14	侵入保护区违规作
渝北区	重庆 置业有限公司、重庆 建筑工程有限公司	2022.2.26	侵入保护区违规作

相关内容详见附件2

图2–13 负面清单

2.3.7 政（警）企合作机制

促请属地政府行政管理部门，出台电力线路保护区内施工申报、许可制度，加大违法违章作业、野蛮施工等外破行为的查处力度。

主动联系当地政府部门、园区管委会及各平台公司，收集线路保护区周边施工计划，准确掌握开发建设动向和近期新开工项目情况，研判辖区外破形势，并按职责落实防范措施。

对盗窃电力设施、故意破坏电力线路案件，及时向公安机关报案，积极配合案件侦破工作，严厉打击犯罪行为。

图 2–14　联合执法

2.3.8　依法维权机制

依据电力设施保护相关政策、法律条文，畅通外破事件司法追责、索赔、处罚渠道，建立完善电力线路外破事件司法处置、维权常态机制。

牢固树立外破事件法律维权理念，对违规施工造成外破的单位（个人），坚决依法依规追责到底。

发生外破事件，及时向当地经信委、公安、应急局等政府部门报告，并保护好现场，收集证据，配合开展安全事故调查，形成电力线路外破故障司法索赔、处罚的典型案例，有力震慑违法违章行为。

第 3 章

隐患排查与处置

3.1 排查方式

3.1.1 现场排查

全面排查：对照隐患排查内容，每年6月底前全面开展一次“三清理”隐患排查。

日常排查：按一定的周期对线路本体及通道环境的检查，排查周期相对固定，线路设备及通道环境的排查可按不同的周期分别进行。

图3-1　线路隐患日常排查

专项排查：在天气剧烈变化、自然灾害、异常运行和对电网安全稳定运行有特殊要求时，按照“发现一起、排查一批”的原则，开展的针对性排查。

隐患排查内容包括：线路保护区内危及线路安全的施工作业，如杆塔基础附近堆土、取土，通道附近塑料大棚、彩钢板建筑等；线路附近烟火现象，如易燃、易爆物堆积、烧荒等；线路周边异物与导线安全距离不足，如线路附近放风筝、线路下方鱼塘垂钓、藤蔓类植物攀附杆塔以及超高树竹种植等。

图 3-2　线路无人机排查

图 3-3　线路可视化排查

3.1.2　信息排查

除现场排查外，运维单位还应根据单位系统内部和社会外部等其他信息来源，进行隐患排查和分析。

(1) 内部信息排查：主要包括属地供电公司、公司职工、群众护线员等上报的隐患信息。

图 3-4　群众护线员汇报隐患情况

图 3-5　属地单位隐患现场排查

（2）外部信息排查：主要包括政府相关部门提供的隐患信息，以及企业、群众举报、95598 热线、微信群等社会来源信息。

图 3-6　经信委协助隐患现场核查

图 3-7 群众举报信息现场核实

运维单位及时通过上述内、外部信息来源收集隐患信息，并组织人员进行现场核实，根据隐患情况建立档案，纳入现场排查工作进行管控。

3.2 树竹隐患排查

春、夏季，重点开展线路通道保护区内超高、速生树竹等危及电力通道安全的隐患排查。度冬前，加强重冰区段电力线路通道内树竹清理，排查覆冰引起弧垂严重下降、高边坡树竹积雪折断的安全隐患。杜绝线路因树竹超高、倒树距离不足发生故障。

图 3-8 树竹隐患排查

3.3 固定点外破隐患排查

避免固定点外破隐患危及电力线路安全运行，清查电力通道附近固定点外破隐患点，以及通道周边轻质异物，主要包括以下两方面：

（1）清查电力通道附近开挖、钻探、塔吊、爆破、堆土等作业行为，清理电力通道附近固定施工场所的外破隐患，如工业园区建设、铁路和公路施工、房屋建设等，避免因施工引发线路故障。

图 3-9　建筑施工隐患排查

图 3-10　道路施工隐患排查

（2）加强空飘异物、鱼塘垂钓等管理，对通道两侧 500m 范围内彩钢棚、塑料薄膜、广告牌、生活或施工垃圾等进行排查；排查统计电力线路附近的鱼塘、水库情况，与产权方协商限制垂钓区域。

图 3-11　空飘异物隐患排查

图 3-12　道路施工隐患排查

3.4　移动点外破隐患排查

梳理电力线路下跨道路情况，严控临时进入电力通道附近的吊车、挖掘机、水泥泵车、强夯机、翻斗车、钻孔机等超高移动机械作业行为，清查架空线路跨越江河段两侧各 100m 范围内特种船舶作业行为。

图 3-13　移动吊车施工隐患排查

图 3-14　移动泵车施工隐患排查

3.5　隐患处置

加强“三清理”隐患处置管理，落实“及时发现、及时汇报、及时判断、及时处置”的治理要求，各单位内部强化协同配合，依法合规的采取停电整改等措施，有效缩短过程处置时间。

3.5.1　隐患处置流程

运检实施机构根据隐患情况发起隐患处置，运检实施机构向安监、运检部门汇报，督促责任单位（个人）落实整改措施并进行闭环管理。

从运检实施机构层面，建立“一隐一档”，落实设备运检部门、班组管控职责，并进行闭环管理，详见附件 1。

3.5.2　现场处置要求

准确收集隐患相关信息。隐患详细地址（所在地区、街道、村、门牌号）、项目名称、建设单位和施工单位全称、负责人姓名及其联系电话。

相关信息可通过查看工地施工告示牌，以及向工地周边居民和现场施工人员询问了解，同时可通过与负责人联系，进一步详细了解现场下阶段施工信息。

送达安全隐患告知书。安全隐患告知书送至施工单位并现场取证，送达安全隐患告知书是依法向隐患责任单位履行告知义务的必要手段。

安全隐患告知书填写要求。填写要规范，字迹要清楚，隐患建设单位和施工单位必须注明单位全称，存在安全隐患的问题必须写明详细情况，违反《电力设施保护条例》等法律法规的条款，要结合现场实际提出明确的整改时限，整改要求要符合国家相关法律法规规定。

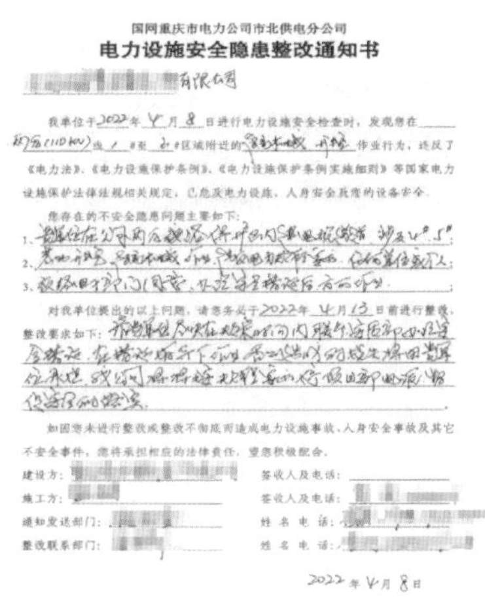

国网重庆市电力公司市北供电分公司

电力设施安全隐患整改通知书

[illegible]有限公司

我单位于 2022 年 4 月 8 日进行电力设施安全检查时，发现您在 [illegible]（110kV）线 1 #至 2 #区域附近的 [illegible] 作业行为，违反了《电力法》、《电力设施保护条例》、《电力设施保护条例实施细则》等国家电力设施保护法律法规相关规定，已危及电力设施、人身安全及您的设备安全。

您存在的不安全隐患问题主要如下：

1、[illegible]；

2、[illegible]；

3、[illegible]；

对我单位提出的以上问题，请您务必于 2022 年 4 月 13 日前进行整改，整改要求如下：[illegible]。

如因您未进行整改或整改不彻底而造成电力设施事故、人身安全事故及其它不安全事件，您将承担相应的法律责任，望您积极配合。

建设方：[illegible]　　签收人及电话：

施工方：[illegible]　　签收人及电话：[illegible]

通知发送部门：[illegible]　　姓名电话：[illegible]

整改联系部门：[illegible]　　姓名电话：[illegible]

2022 年 4 月 8 日

图 3-15　送达安全隐患告知书

送达安全隐患告知书后，被拒签的处理方式。联系项目建设单位，核查现场施工电源，申请采取停电并书面告知施工单位，安全隐患告知书以挂号信方式送达，同时以公函（书面）向所在地政府汇报。

现场处置的注意事项。必须客观、真实、细致地反映现场情况，必须要有电力通道名称或标识的图片，且要以现场环境作为背景，要有全景画面，取证的视频或图片资料一定显示有记录时间，准确反映实际情况。若已造成设备损坏，要能清楚、准确反映出受损设备的具体状况。

较大隐患处置临时措施。明确限制施工的范围，如限定开挖距离和爆破作业最小距离，按限制距离标明安全警戒线，设置安全警示标志，对严重威胁人身和电力安全的重大、较大隐患，派人实施24h连续监控，明确专人负责检查和现场监控，制止现场施工，并暂时封停施工现场电源。

图 3-16　较大隐患处置临时措施

一般隐患处置措施。发送安全隐患整改通知书，明确施工单位违反的法律法规及规范性文件条款，限定3个工作日内联系公司安监部，编制针对隐患现场的专项安全协议。在现场安全措施未落实前，禁止超高机械进入电力设施保护区内作业，告知违规后果，同时要求加入“外力隐患管控”微信群，每天报备作业信息。

3.5.3　信息汇报

（1）一般情况下应逐级汇报。必须将现场情况准确无误地反映，不能夸大或淡化事故或案件造成的后果，以便上级部门及时做出正确决策；汇报后要注意跟踪处置进度，必须在得到上级部门的明确答复，或进一步指示后方可离开现场，上级部门在得到汇报后必须要有明确答复。

（2）将电力通道外力破坏安全隐患分为报政府备案和需政府督察两类，分别向政府汇报，提出工作建议和措施，使地方政府及时掌握外力破坏电力通道有关情况。

（3）发现电力通道安全隐患扩大或突发险情后，立即向当地相关部门进行汇报，提高隐患险情紧急处置的响应速度和处置效率。必要时立即向当地政府进行专题报告，商请当地政府组织开展隐患整治。

（4）在充分依靠政府开展隐患整治过程中，坚持以下原则：一是情况汇报做到准确，为政府部门正确决策提供客观有力的依据；二是情况汇报做到及时，绝不等到外力破坏既成事实后再汇报；三是情况汇报后加强跟踪，及时掌握政府相关部门对该隐患督促整治工作的决策和实施进度，积极做好配合、协调工作。

第 4 章

隐患防控

电力线路通道附近存在的机械施工、爆破、吊装作业、树竹种植、钓鱼等隐患，根据隐患类型，按照电力线路标志标识技术规范，在相应区域装设警告、警示标示。

4.1 树竹隐患防控

（1）预估树竹生长周期，结合例行巡视周期要求，周期性开展无人机或直升机激光雷达通道扫描，建立电力线路通道可视化模型，及时掌握树障隐患变化情况，树线距离不满足规程要求的，督促运维人员限期完成清理。

图 4-1　无人机线路通道扫描

图 4-2　通道可视化模型

（2）新建线路在投运前全面清除树障隐患，及时对在运线路周围的超高树竹依法进行砍伐，加强倒树距离不足的树竹隐患治理，在清理树障时，做好控制措施，确保树木向远离线路方向倾倒。

图 4-3　清除树障隐患

图 4-4　采取防范措施

（3）加强与市政、绿化等相关部门的联系，对辖区内较大的公园或广场梳理建档并指定专人负责，及时掌握电力线路周边的绿化树种植、换种、移栽等信息，及早参与现场防控，禁止其他部门或个人在电力线路通道内种植香樟树、黄桷树等易危及线路安全运行的高大乔木。

(4) 加大电力设施保护宣传力度，提高群众护线意识和护线能力，确保群众发现树障隐患后电话、微信等反馈渠道畅通，要求运维人员接到反馈后及时到达现场核实，情况属实的可以予以奖励，构建具有广泛性、及时性、准确性的群众护线机制。

(5) 发挥属地优势，协调属地政府、企业推进树障清理，促请地方林业部门将电力通道纳入森林防火隔离带规划实施，针对林区内偏远或巡视困难线路，安装在线监测装置，实时监控树线距离变化，并进行山火预警。

(6) 执行年度、月度树竹砍伐、修剪计划，工作前将树竹砍伐、修剪计划告知树竹的权属人(相关单位、管理部门)，涉及自然保护区、林区、风景区等范围内的树竹，在办理相关砍伐、修剪手续后，方可作业。

4.2 固定点外破隐患防控

(1) 应用杆塔位移、倾斜、监拍等在线监测装置，对杆塔本体、基础运行情况开展监测，定期开展固定点外破隐患特巡和无人机巡检，必要时可安排人员进行 24h 值守。

图 4-5　无人机巡检外破隐患

图 4-6　固定点外破隐患特巡

(2) 凡是对进入电力线路保护区附近施工作业的施工单位，定期发送现场安全提示通知，督促相关单位编制施工安全防护措施，签订《安全协议书》，组织施工单位现场负责人进行安全学习。

(3) 施工可能形成杆塔、拉线切坡或孤堡时，要求建设单位必须组织有资质单位制定保护方案，其保护方案应考虑杆塔基础排水畅通、接地网完好、安装杆塔倾斜度观察桩、修建供巡视和检修人员、车辆通行的道路。

(4) 在线路周边人口密集区进行电力设施保护宣传，在电力线路杆塔上悬挂标示牌、警示牌和危险点标志牌，利用相关媒体（如电视、交通广播、微信等）或宣传车，普及电力设施保护相关法律法规、电力安全知识等，提高群众护线意识。

图 4-7　装设警示标志牌

图 4-8 电力设施保护宣传

（5）对在线路保护区内的桥梁道路、铁路、高速公路等施工场所，以及其他可能危及电力线路安全的施工场所，可采取安装保护桩、限高架（网）、限位设施、视频监视、激光报警等装置。

图 4-9 装设防碰撞警示装置

图 4-10 装设视频监视

（6）收集施工单位固定式大型机械、塔吊设备信息、驾驶员联系方式，与施工现场负责人建立外破施工防范微信群，定期推送电力设施保护信息。要求施工现场负责人在施工期间，每日准时报送次日的现场作业信息，针对超高机械进入线路保护区内作业的，必须安排专人监护。

（7）强化政企合作，及时获取住建委、交通、城市管理局等部门的规划、建设信息，提前做好所涉及线路的防控工作。

（8）对取土隐患，要求施工单位提供地质勘察报告和塔基保护方案，并在塔基附近设置安全围栏；对堆土隐患，严禁施工单位在保护区内进行堆土，已有堆土，责令施工单位立即清除。

（9）对空飘异物隐患，运维单位应要求业主拆除或加固电力通道附近500m范围内的彩钢棚、塑料大棚等临时性建筑物，采取加装防风拉线、采用角钢与地面基础连接方式等进行加固；危及电力线路通道安全运行的垃圾场、废品收购站，应要求业主对塑料布、锡箔纸、磁带条、生活垃圾等进行清理加固，避免形成漂浮异物。

（10）对爆破隐患，因工作需要必须在线路水平距离500m范围内进行爆破的，应要求作业单位采取可靠的安全防范措施，并报经政府有关管理部门批准。发现爆破作业安全隐患，应及时送达书面隐患告知书，安排专人管理爆破作业现场，主动汇报属地政府，通过合法手段进行拆除、移除保护区内易燃易爆物品。

（11）对塔吊隐患，现场应设置醒目警示牌或警示标语。根据施工单位的塔吊型号，检查塔吊的布点位置是否满足安全要求，在塔吊作业时，运维单位进行现场监护，采取吊臂限位措施，后续定期检查塔吊设备状态位置，并留存记录。

图 4-11　实施现场监护

图 4-12　塔吊限位装置

（12）针对架空线路保护区及线路下方的鱼塘，应重点对垂钓者、鱼塘主进行宣传，运维单位向鱼塘主送达电力设施安全隐患告知书，告知在高压线路下方钓鱼的危害性和相关法律责任，并在塘边设立安全警示标志牌。

图 4-13　装设警示标志牌

图 4-14　送达安全隐患告知书

4.3　移动点外破隐患防控

(1) 针对移动施工场所，在流动作业、道路植树、栽苗绿化、临时吊装、物流、仓储、取土、挖沙等多发区段加装图像监拍装置，通过人员监视或图像智能识别系统，及时掌握现场情况，并采取临时安插警示牌或警示旗，增设屏障、遮栏、围栏、防护网等安全保护措施。

(2) 督促临时进入保护区或临近保护区作业的车辆（机械）管理单位制定安全防护措施，联系政府住建委、交通、城市管理局等相关部门，获取城市道路植树、施工建设等信息，提前做好防控措施。

（3）存在外力破坏隐患的线路与公路交跨点，在线路保护区界、人员机械进入口，设立明显的安全距离警示标识、标牌，在导线上安装防碰撞警示装置，与交通管理部门协商，在交跨位置前后装设限高装置，防止超高车辆通行造成碰线。

图 4-15　装设限高装置

图 4-16　装设防碰撞警示装置

（4）收集特种行业从业人员信息、特种装备情况，组建常态沟通联络机制，及时掌握施工作业信息，有条件的情况下，在吊车等特种机械的吊臂顶部安装近电报警装置。

（5）对于风筝放飞季节，按期到重点区域巡查，联合公园、广场等管理部门对线路保护区300m范围内的放风筝等活动进行劝阻，同时在电力线路附近的广场、公园、空地等地定点宣传。对夜间放飞电子（LED）风筝区域，相关人员应做好排查登记，适时开展夜间现场检查，必要时组织安排人员开展现场蹲守劝导工作。

图4–17　禁止放风筝宣传

图4–18　输电通道附近禁止放风筝标语

（6）防控电力线路通道下方的湖泊、江河野钓行为，在岸边设立安全警示标志牌，利用媒体（交通广播、电视公益广告等）进行宣传活动。

第 5 章
档案管理

5.1 建立档案

规范电力通道“三清理”隐患台账，充分应用数字化管理手段，做好隐患台账管理和措施落实，建立电力通道“三清理”隐患点档案，在隐患整改工作实施后3个工作日内完善“一患一档”隐患记录，建立电力通道“三清理”隐患台账，编制安全隐患告知书，档案包括纸质和电子档案。

表 5-1　　“一患一档”隐患记录

<table>
<tr><td colspan="4">110kV ×× 线 10 号隐患整治闭环记录（范例）</td></tr>
<tr><td>隐患详细地址</td><td colspan="3">北部新区天宫殿街道黄山大道</td></tr>
<tr><td>隐患业主单位</td><td>×× 科技发展有限公司</td><td>负责人及联系电话</td><td>李一
13888888888</td></tr>
<tr><td>隐患施工单位</td><td>×× 集团有限责任公司</td><td>负责人及联系电话</td><td>王二
13333333333</td></tr>
<tr><td colspan="4">隐患整治处置过程记录</td></tr>
<tr><td>日期</td><td>发现及处置情况</td><td>工作资料名称</td><td>备注</td></tr>
<tr><td>2020 年 8 月 10 日</td><td>线路运维班组成员刘一巡线发现 110kV ×× 线 10 号附近有单位在距离线路 10m 处使用超高机械。项目业主单位 ×× 科技发展有限公司、项目名称 L2 区道路，项目施工单位 ×× 集团有限责任公司，送达安全隐患告知书，对方拒签。巡线人员向班组汇报，并现场监控直至当天施工结束</td><td>现场图片</td><td></td></tr>
<tr><td>2020 年 8 月 11 日</td><td>刘一到现场，再次联系施工单位，送达安全隐患告知书，现场施工单位 ×× 集团有限责任公司签收，并要求暂停 10m 内禁止进一步使用超高机械，现场设置安全警示标志，对方配合立即落实中</td><td>现场图片、隐患通知书</td><td></td></tr>
</table>

续表

日期	发现及处置情况	工作资料名称	备注
2020年8月12日	××集团有限责任公司到公司安监部完善安全施工措施，现场可以按措施约定实施相关作业，现场警示标志完善，有专人指挥	现场图片、安全措施（纸质材料）	
2020年8月20日	刘一现场检查对方按措施要求施工，无违规情况	现场图片	
2020年8月31日	刘一现场检查发现施工结束，隐患消除	现场图片	

表5-2　　电力通道“三清理”隐患台账

（1）树竹隐患类

序号	运维单位	电压等级（kV）	线路名称	线路区段	详细地址	树种类型	树种高度	隐患简况	隐患详细描述	发现日期	防控措施落实情况	下阶段发展趋势	隐患是否消除	隐患消除时间

（2）固定点隐患类

序号	运维单位	电压等级	线路名称	线路区段/电缆通道段	详细地址	隐患风险分级	外破类型	隐患简况	隐患详细描述	发现日期	涉及工程信息	属地供电单位及联系人	线长及联系方式

段长及联系方式	是否报审保护性施工方案	是否签收安全隐患告知书	是否签订安全施工承诺书	是否签订安全协议	整改通知发放日期及编号	在线监测安装情况	群众护线员姓名、电话号码	目前施工情况	防控措施落实情况	下阶段发展趋势	隐患是否消除	隐患消除时间

（3）移动点隐患类

序号	运维单位	电压等级	线路名称/电缆通道名称	线路区段/电缆通道段	详细地址	隐患风险分级	外破类型	隐患简况	隐患详细描述	发现日期	涉及工程参建单位及联系人	属地供电单位及联系人	线长及联系方式

段长及联系方式	是否报审保护性施工方案	是否签收安全隐患告知书	是否签订安全施工承诺书	是否签订安全协议	整改通知发放日期及编号	在线监测安装情况	群众护线员电话号码	目前施工情况	防控措施落实情况	下阶段发展趋势	隐患是否消除	隐患消除时间

5.2 档案内容

“三清理”隐患档案应包括下列内容：

（1）隐患点情况的隐患记录，从隐患发现—汇报—督促—控制—消除全过程的记录。

（2）向隐患责任单位或个人以及属地管辖的街道、镇、乡、村等有关政府部门送达的书面安全隐患告知书、整改函件、报告等。

（3）与隐患责任单位签订的安全施工协议，以及隐患责任单位制定的安全防护措施。

（4）对安全隐患和采取的防范措施进行摄像、照相，以及对现场不安全行为取证的音频、视频等电子档案资料。

国网重庆市电力公司检修分公司
安全隐患告知书

国网重庆市电力公司超高压分公司
安全隐患告知书

图 5-1　隐患档案

第6章
典型案例

6.1 树竹隐患跳闸和防治案例

案例 1：××公司××kV××线树竹故障跳闸

××年××月××日××时××分，××kV××线跳闸，重合闸不成功。故障巡视发现在××kV××线××—××号段有一棵长约 24.8m 树木倒在 A 相导线上，造成线路接地跳闸。

图 6-1 线路通道及导线故障情况

案例 2：××公司通道树竹隐患治理

××kV××线处于高山大岭，树竹植被茂密，雨季树竹生长速度较快，影响线路安全稳定运行。××年××月××日，对××kV××线进行通道隐患治理，通过树障砍伐、设置隔离带等方式消除现场隐患，避免了因树线距离不足导致的故障跳闸事件。

（a）砍伐前

（b）砍伐后

图 6-2　×× 公司对 ××kV×× 线进行通道树障砍伐

6.2　固定点外破隐患跳闸和防治案例

案例 3：×× 公司 ××kV×× 线固定点机械碰线跳闸

××年××月××日××时××分，××kV××线跳闸，重合闸不成功。故障巡视发现××kV××线××—××号A相（中相）导线受损12股，现场有塔吊误入导线作业，结合故障点现场情况综合判断，此次跳闸为机械碰线造成。

图 6-3　导线及塔吊吊臂放电位置

案例 4：×× 公司固定点外破隐患治理

×× 年 ×× 月 ×× 日，×× 公司通过现场安装可视化装置、限高架，实现管控线路保护区内大型机械作业的目的，提高了线下及保护区内固定施工作业现场的电力设施保护水平。

图 6-4　保护区限高架和视频安装现场情况

6.3　移动点外破隐患跳闸和防治案例

案例 5：×× 公司 ××kV×× 线移动点机械碰线跳闸

×× 年 ×× 月 ×× 日 ×× 时 ×× 分，××kV×× 线跳闸，重合闸不成功。故障巡视发现 ××kV×× 线 ××—×× 号段 B 相导线有斑状放电痕迹，通过走访附近村民得知，故障时有吊车通过线路 ××—×× 号段导线下方，吊车吊臂误碰导线引起线路接地跳闸。

图 6-5　导线放电位置及吊车钢丝绳放电痕迹

案例 6：×× 公司移动点外破隐患治理

×× 年 ×× 月 ×× 日，×× 公司通过等电位带电作业安装导线防外破警示灯，警示线路周边夜间外破施工，提高工业园区、施工作业现场等电力设施的警示效果。

图 6-6　导线防外破警示灯现场情况

6.4　线下施工隐患全流程管控案例

案例 7：×× 公司 ××kV×× 线新增线下施工隐患

6.4.1　外力隐患发现

×× 年 ×× 月 ×× 日，×× 公司运维人员通过正常巡视发现 ××kV×× 线 ×× 塔水平距离 10m、垂直距离 15m 处计划修建乡村公路，目前处于平场阶段，已形成高度约 15m、倾斜 85° 高切坡。

图 6–7　开展正常巡视，发现线下修建公路形成高切坡

6.4.2　隐患管控经过

（1）发现外力破坏隐患后，运维人员立即了解隐患基本信息，按照“一患一档”的原则进行隐患分类和信息建档，包括：施工单位、业主单位、设计单位、属地供电公司相关负责人的联系方式；外力隐患的施工规模现状、发展趋势等内容。

（2）隐患发现当日，运维人员向施工单位发放隐患告知书，采取现场值守、在线监控等方式进行管控，严禁现场继续施工，避免进一步影响电力铁塔基础稳定。

(3) 要求施工单位及时提交××kV××线××号基础周边地质稳定评估报告、专家评审论证报告及专项施工方案报审备案。组织相关专业管理部门进行审查，并完善审查意见表，待审查意见表手续完成后，同意现场继续施工。

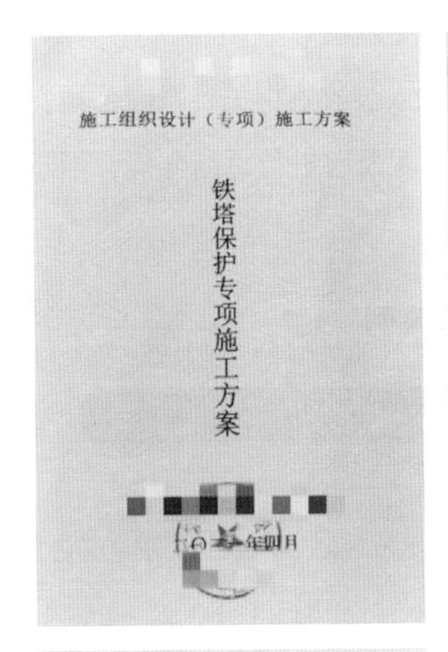

施工组织设计（专项）施工方案

铁塔保护专项施工方案

（施工图）设计（岩土）计算书

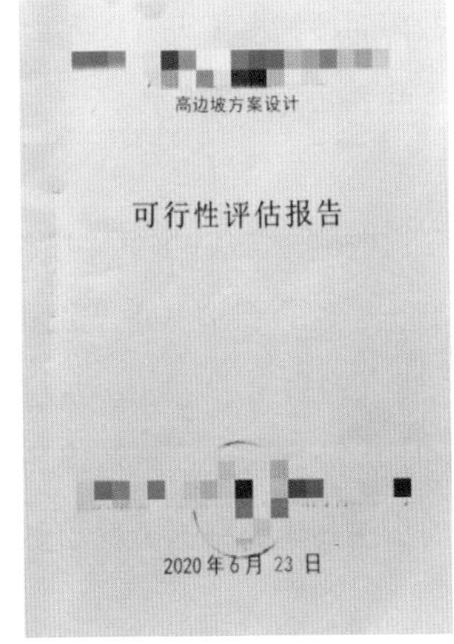

高边坡方案设计

可行性评估报告

2020年6月23日

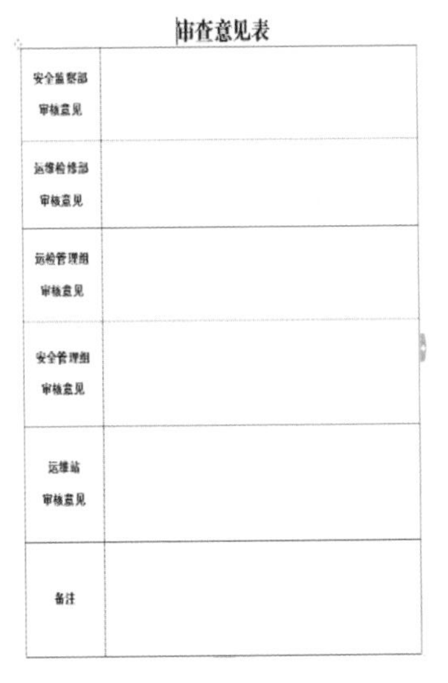

审查意见表

安全监察部审核意见	
运维检修部审核意见	
运检管理组审核意见	
安全管理组审核意见	
运维站审核意见	
备注	

图6-8　施工单位提交相关资料及公司审批手续

（4）施工过程中，提高运维人员巡视频次，全程掌控施工进度，在线路保护区内若有超高机械作业，将安排运维人员现场监护值守，实时更新“外力破坏隐患统计表”，直至施工结束。

（5）施工完成后，组织施工单位、设计单位以及第三方电力设计院或地勘院，对电力铁塔基础稳定性再次进行评估论证，以及地质条件变化进行确认，确保铁塔基础稳定性未受影响。

（6）外力破坏隐患消除后，运维人员收集相关资料向公司安监部进行报备闭环，公司对外力隐患整治情况及时进行总结分析，不断积累防外力破坏处理经验。

6.5 外破隐患跳闸全流程管控案例

案例8：××公司××kV××线机械碰线跳闸

6.5.1 故障基本情况

××年8月10日21时18分44秒，××kV××线跳闸，重合闸动作、重合不成功，故障选相C相。8月10日21时48分，××kV××线试送成功，恢复供电，故障停运30min。故障时段为多云天气，无雷雨大风，气温22~26℃、风速3.4m/s，相对湿度81.7%RH，无降水。

6.5.2 故障巡视过程

（1）××年8月10日21时18分，收到××kV××线故障跳闸信息后，立即启动线路故障跳闸应急预案，综合保护测距、故障录波数据，初步判断故障区段为××kV××线20—35号，立即出动2台车辆、6名运维人员开展故障巡查。当天21时45分运维人员抵达现场，检查发现：××kV××线33—34号档内的新建高速公路施工现场有水泥罐车正在进行夜间浇筑施工。

该处高速公路施工已纳入××公司重大隐患管理，相关施工方案

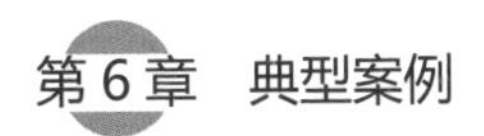

已完成审批，但当日夜间施工内容与前期报送方案不一致。经询问现场多名施工人员，其表述矛盾、含糊其辞。由于天色已晚，无法登塔检查、无法看清导线有无放电痕迹，运维人员监督水泥罐车撤离后，于11日凌晨1时40分离开现场。

图6-9　开展夜间故障巡查，发现水泥罐车在线路下方进行浇筑施工

（2）次日上午，××公司安排人员对××kV××线20—31号区段进行逐基登塔检查和无人机巡检，同时对线下施工作业现场再次进行检查。无人机飞巡检查发现：××kV××线33号大号侧约400m处，C相/左下线第1、2、4子导线有明显放电闪络痕迹，其中，第1子导线灼伤严重，放电点位于新建高速公路施工现场正上方，现场仍有大型

机械、高臂吊车在施工作业。

同时，经对××kV××线20—31号逐基登塔检查，未发现疑似故障点。结合故障测距、登塔检查结果、导线放电痕迹与走访问询情况，初步判断故障点为××kV××线33—34号，故障原因为超高机械导致的短路跳闸。

图6-10　××kV××线33—34号档C相/左下线导线放电闪络痕迹

(3) 经过严词交涉和多方取证，施工单位最终承认：8月10日晚21时许，为赶工期进度，在未通知电力单位的情况下，违反施工方案组织高臂吊车开展夜间吊装作业，因天色漆黑、照明不足，未留意上方电力线路位置，扬臂吊装时与××kV××线C相/左下线导线距离过近发生放电，线路出现火花、弧光，吊车轮胎被炸裂，驾驶员受到惊吓，随即将吊车开走。8 月 11 日，施工单位另行安排水泥罐车、高臂吊车进入工地，企图隐瞒事件真相，涉事吊车已派往其他施工现场。

8 月 11 日中午 12 时 40 分，运维人员找到涉事吊车并从修理厂找回了电击炸裂轮胎，经仔细检查，吊车臂尖端有多处放电闪络痕迹、轮胎有电击痕迹与裂纹，吊车司机如实交代了前晚吊装过程中的放电经过，并签字确认。

图 6-11　涉事吊车臂尖端和轮胎放电痕迹

6.5.3 故障后处理过程

（1）确认故障点、故障原因后，×× 公司要求施工单位立即停止××kV×× 线保护区内（20m）内的施工作业，安排运维人员值守检查，同时安装视频在线监测装置实时监控施工现场。随即联系业主、施工、监理单位组织召开现场会议，会议强调相关安全距离，督促相关单位编制施工安全防护措施，双方签订《安全协议书》，落实警示牌、限高架等安全措施后方可恢复施工。

（2）施工过程中，不定期组织施工单位工地负责人、吊车操作手进行安全知识宣传教育培训，并安排运维人员每日现场值守监护和监控室远程视频监控，直至超高机械撤离、施工作业全部结束。

（3）×× 公司收集整理事故经过、设备受损、停电影响等相关信息资料，通过法律部门，正式向事发地人民法院提起诉讼，经法庭审理，判定施工单位负本次事件全部责任，应承担电力公司相应损失。

6.5.4 后续防范措施

（1）全面排查治理完善隐患管控。对运维线路涉及的所有外力破坏隐患，由公司领导带队、管理人员参与，逐一排查梳理，重点强调线下专项施工方案的审核和监督，全面提升外力破坏管控力度。

（2）加强技防手段应用丰富防控措施。运用在线监测装置、喊话器、无人机等技防手段，强化外力隐患防控能力；在重点区域安装大型警示标牌、标语，落实危险告知义务，多措并举丰富防控措施。

（3）建立切实有效的约束体系。在办理施工用电申请时，通过属地供电公司与有关单位签订安全协议，明确电力设施保护的责任与义务和危害电力设施后果，必要时采取停电措施。

（4）加强保电宣传提升责任意识。组织施工单位核心人员和特种车辆驾驶人员学习宣贯电力设施保护条文条规，让施工人员清楚“该做什么、能做什么”，提升电力设施保护的认知。

附 录

附录1

电力设施安全隐患告知书

________年第____号

____________________：

你单位（户）存在以下危害电力设施隐患：

此隐患已严重危及______________电力线路的安全运行，并将对你单位（户）人身、财产安全构成威胁。

根据《中华人民共和国电力法》、国务院《电力设施保护条例》以及《××省（市）保护电力设施和维护用电秩序规定》等法律法规，请你单位（户）务必在____日内消除隐患。

若不及时采取相应措施，我公司将根据《中华人民共和国电力法》、国务院《电力设施保护条例》以及《××省（市）保护电力设施和维护用电秩序规定》等法律法规中断你单位（户）供电。如果造成安全生产事故或人员伤亡的，你单位（户）应承担全部赔偿责任和相应法律后果。同时，我公司将报电力管理、安全生产监督管理等政府部门，由其做出相应行政处罚；或向人民法院提起诉讼，追究你单位（户）民事赔偿责任或刑事责任。

签发人：

________年____月____日

（单位盖章）

抄送：

安全隐患告知书
（回执）

____________________:

我单位（户）已接到 20____年第____号《安全隐患告知书》，并采取措施如下：________________

____

____

____

____

____

____

____

____

____

责任人：

________年____月____日

（单位盖章）

附录2

隐患处置流程

（一）运维单位层面处置流程

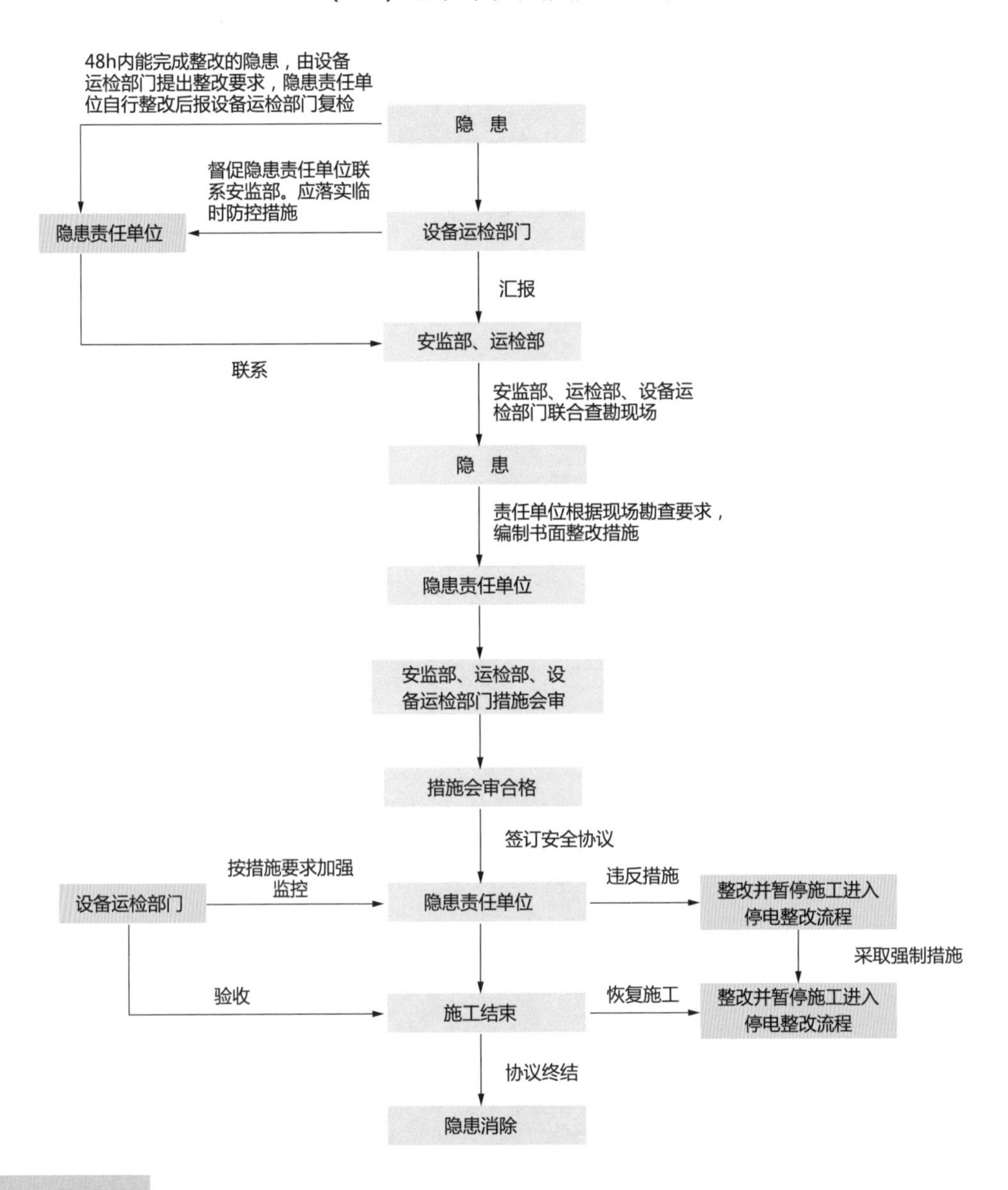

（二）设备运检实施机构层面处置流程

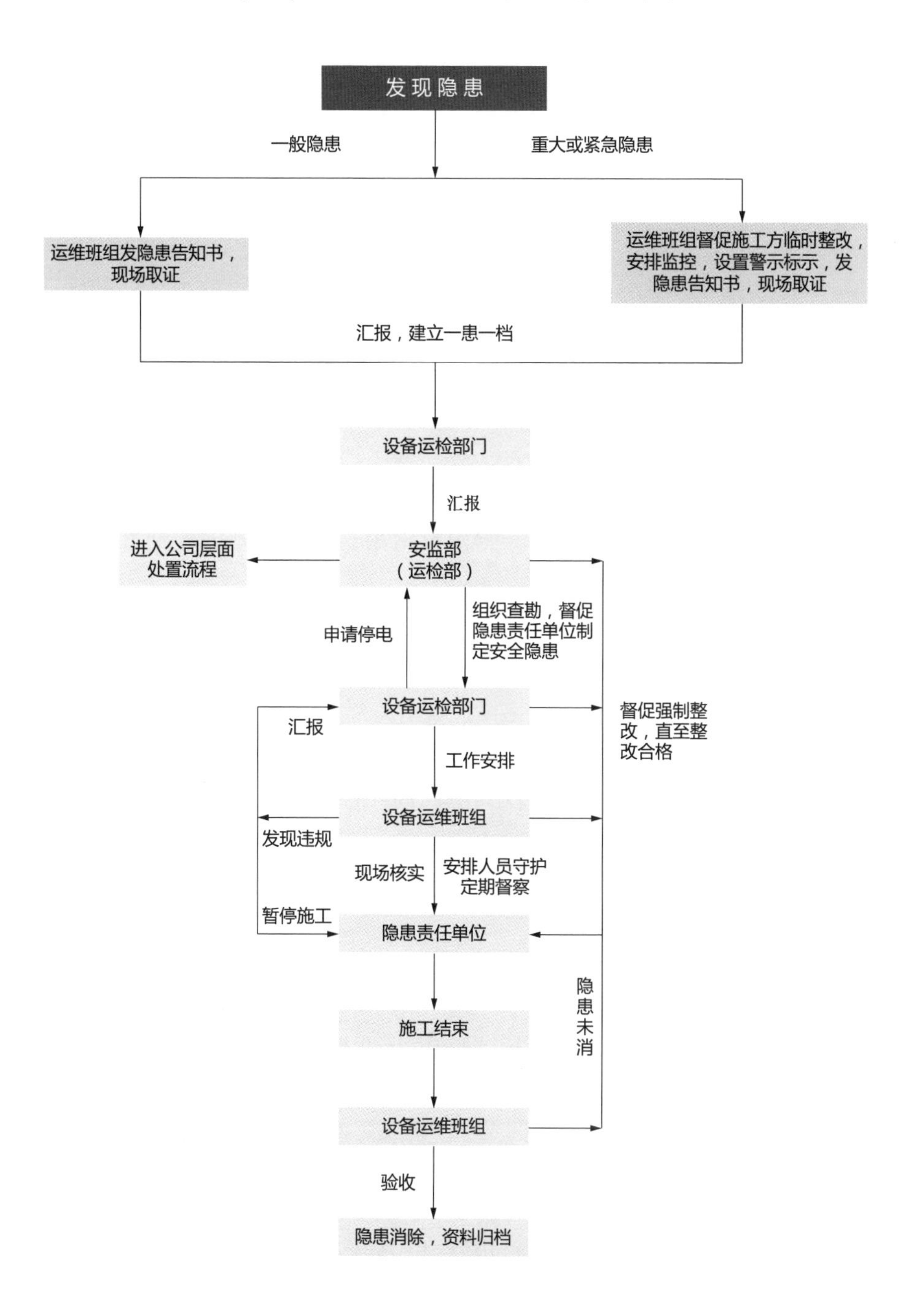

附录3

现场安全提示通知

尊敬的客户：

由于在贵单位施工区域内有我单位高压线路，为保证施工期间高压线路的正常运行和贵单位作业人员及设备的安全，我公司特向贵单位作如下提示：

一、塔吊、吊车等超高机械设备在电力线路附近作业时，请务必设立专人指挥，严禁在高压线路一侧歪拉斜吊；吊装设备的任何部位和被吊物品必须与高压线路保持××m以上的空间距离；经常检查设备，防止塔吊等因机械故障或钢丝断裂等原因造成事故。

二、随时对建筑物的防护网、吊脚线、吊篮绳索、户外广告等易漂浮物品加以固定，防止大风导致其飘向高压线路造成线路跳闸事故；在进行各种临时牵引时请务必设专人指挥，防止绳索向高压线路一侧摆动导致事故的发生。

三、严禁向高压线一侧抛掷物品，随时清理建筑物内的各类轻质物品，防止因高空抛物或大风将以上物品吹向高压线导致事故的发生。

四、塔吊在安装、拆除过程之前，请务必提前一天以上告知我单位，届时我单位将安排人员现场进行指导（无任何费用），以防止因安全距离不足导致线路跳闸和人员伤亡事故的发生。

电力线路跳闸，既可能因大面积停电而造成重大社会影响，同时也可能对人员生命安全构成极大威胁；一旦电力线路事故发生，贵单位将承担相应的经济及其他法律责任，请贵单位务必引起高度重视！

签收单位：　　　　　　　　　签收人：　　　　电话：

供电公司联系部门：　　　　　联系人：　　　　电话：

________年____月____日

附 录 4

架空线路常用标志

（一）禁止标志

序号	图形标志示例	名称	说明
1	禁止攀登 高压危险	禁止攀登 高压危险	每基杆塔至少配置一块
2	禁止在保护区内建房	禁止在保护区内建房	线路附近存在施工建房风险的地段，应根据现场实际在邻近杆塔或保护区配置“禁止在保护区内建房”的禁止标志
3	禁止在保护区内植树	禁止在保护区内植树	线路附近可能种植树木、竹子等高杆植物的区域，应在杆塔及线路保护区内配置“禁止在保护区内植树”的禁止标志
4	禁止堆放杂物	禁止堆放杂物	线路杆塔附近及保护区内有堆积杂物、砂石、垃圾风险的区域，应根据实际情况在线路保护区或邻近杆塔上配置“禁止堆放杂物”的禁止标志
5	禁 止 取 土	禁止取土	线路杆塔及拉线附近存在取土风险的地段，应根据现场实际在邻近杆塔或保护区配置“禁止取土”的禁止标志

续表

序号	图形标志示例	名称	说明
6	禁止在高压线下钓鱼	禁止在高压线下钓鱼	线路跨越鱼塘、河流、湖泊等存在钓鱼风险的区域，应在鱼塘、河流、湖泊附近或邻近杆塔上配置“禁止在高压线下钓鱼”的禁止标志
7	禁止在高压线附近放风筝	禁止在高压线附近放风筝	线路导线两侧 300m 内有广场、公园等存在放风筝风险的区域，应在广场、公园或邻近杆塔上配置“禁止在高压线附近放风筝”的禁止标志
8	禁止在线路附近爆破	禁止在线路附近爆破	线路导线两侧 500m 内有石场、矿区，存在采矿炸石等风险的区域，应在石场、矿区或邻近杆塔配置“禁止在线路附近爆破”的禁止标志
9	禁 止 烧 荒	禁止烧荒	线路附近有山火或烧荒风险的区域，应在杆塔及保护区内配置“禁止烧荒”的禁止标志
10	禁 做 地 桩	禁做地桩	线路保护区内有利用线路杆塔、拉线作起重牵引地锚等风险的区域，应在杆塔上配置“禁做地桩”的禁止标志

续表

序号	图形标志示例	名称	说明
11	 禁止向线路抛掷	禁止向线路抛掷	线路附近有高大建筑物等，有向线路抛掷异物风险的地区，应在线路保护区内及邻近杆塔上配置“禁止向线路抛掷”的禁止标志
12	 线路保护区内 禁止植树	水泥预制 禁止标志	远离杆塔的危险源处，可采用预制式禁止标志
13	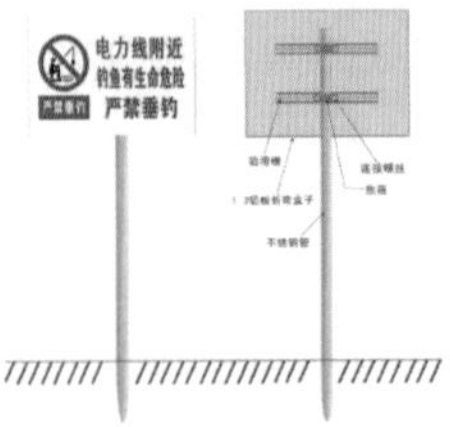 电力线附近 钓鱼有生命危险 严禁垂钓	钢管支架 禁止标志	电力线路及保护区附近存在安全隐患时，可架设类似钢管支架
14	 禁止攀登 高压危险	塔身大型禁止牌	用于线路杆塔附近居民较多，可能有人攀登杆塔等
15	 高压电危险	塔身大型警示牌	宜在跨河、高速公路等重要交通要道附近杆塔设置塔身大型警示牌

（二）提示标志

序号	图形标志示例	名称	说明
1		保护电力设施标志牌	电力设施穿越人口密集地段、人员活动频繁地区，车辆、机械频繁穿越电力设施地段
2	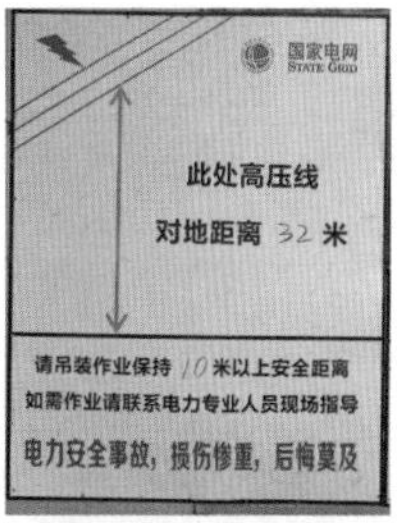 	保护电力设施宣传单、展板	一般安装在相应风险区段的适当位置，如施工项目部、员工宿舍等
3	 	机械提示标志	一般装设在吊车、泵车、塔吊等超高机械、车辆驾驶室内和塔吊登塔处

附录5

电力设施保护宣传画版

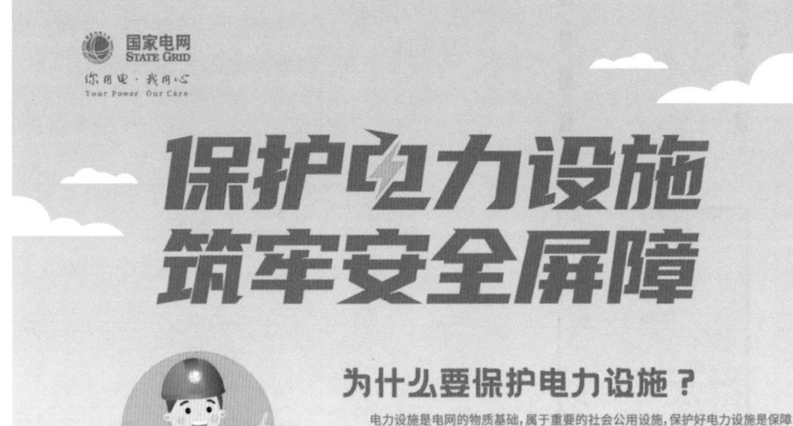

为什么要保护电力设施？

电力设施是电网的物质基础，属于重要的社会公用设施，保护好电力设施是保障供用电安全和维护社会公共安全的基础，关乎国民经济持续、稳步发展和人民生活秩序。电力设施外力破坏已成为当前电力设施故障、影响可靠供电的重要原因。因此保护电力设施，需要全社会的共同参与。

什么是电力设施外力破坏?

电力设施外力破坏是指故意或过失的对电力设施采取拆、盗、损坏、放置异物、放火、爆炸，造成电力设施部件非正常状态，以及违反《电力法》等法律法规规定，在电力设施附近实施开挖、吊装、爆破、钻探等施工作业，危及电力设施运行安全的行为。

破坏电力设施的危害有多大?

在临近电力设施附近建设施工，若不安全、正确地作业，可能会造成电力设施被迫停运或严重损坏，将酿成重大经济损失，甚至会引发重大人身伤亡及其他衍生事故。责任单位及行为人不仅将承担巨额的经济赔偿，还将承担相应的法律责任。

前车之鉴 触目惊心

安全提示：如在临近电力设施附近作业，应主动联系所属地电力部门，不要侥幸冒险作业！

吊车施工触碰导线，引发火灾

某施工场地在操控吊车吊升作业过程中，操作不当触碰到附近的高压线，导致放电引发火灾。

塔基附近开挖造成铁塔倾覆

2003年7月19日，渝北区人和镇与龙溪镇交界处，某施工队在铁塔附近进行开挖、放炮作业，由于没有对该铁塔基础采取保护，在暴雨中受雨水冲刷影响，铁塔基础滑坡进一步导致铁塔严重倾倒。

超高机械作业破坏

2007年9月14日，渝北区回兴镇恒运清河湾。某施工单位，租用吊车在高压导线下方吊树作业时，因吊臂靠近导线过程中树枝碰到C相（下相）导线，造成导线严重损伤，经济损失达数拾万元。

爆破作业造成线路破坏

2006年8月21日，渝北区龙塔街道鲁能星城小区。某施工单位在爆破施工中，未用胶皮对炮眼进行覆盖，导致放炮引线飞挂在线路导线上，引起导线相间短路，造成线路停电数小时，经济损失达数万元。

这些破坏电力设施的操作，坚决要不得！

情况一：施工安全距离太近，要不得！

各类挖机、吊车、混凝土泵车等超高机械设备在临近电力设施附近作业前，请提前与供电公司取得联系，并按照要求采取可靠措施，保证安全距离。距离不足会引发高压线路放电，造成电力设施损坏和触电安全事故。

情况二：临近线路植树建房，要不得！

任何单位或个人在临近线路附近修建建筑物、构筑物或绿化种植时应得到当地政府批准，并经电力管理部门同意做好安全措施后方可实施。

情况三：塔基附近挖掘取土，要不得！

不得在杆塔、拉线基础的规定范围内进行挖掘取土、打桩、钻探、开挖等作业，会造成杆塔倒塌倾覆，引发严重事故。也不得在塔基、线路附近堆放谷物、草料、垃圾、矿渣、易燃物、易爆物及其他影响安全供电的物品。

情况四：线路附近乱搞爆破，要不得！

任何单位和个人不得在距电力设施范围500米内(指水平距离)进行爆破作业。因工作需要必须进行爆破时，应当按照有关爆破作业的法律法规，采取可靠的安全防范措施，并征得当地电力设施产权单位或管理部门的书面同意，报经政府有关管理部门批准。

情况五：线路区域野蛮施工 要不得！

市政建设、房地产开发等涉及到地下空间开挖、钻探，需要提前进行勘察。严禁在电缆通道沿线区域野蛮施工，开挖钻探前应提前告知属地供电公司，探明路径，采取可靠的安全防范措施后，才允许施工。

情况六：盗窃破坏电力设施，要犯法！

电力电缆、架空线路都属于高压电力设备，盗窃损坏会造成人身触电死亡，且其经济价值不高。盗窃电力设施或者以其他方法破坏电力设施，危害公共安全的行为，将依照刑法有关规定追究刑事责任。

电力设施保护相关法律法规

破坏电力设施 从严追责！

《电力设施保护条例实施细则》(摘要)

第二十条 下列危害电力设施的行为，情节显著轻微的，由电力管理部门责令改正；拒不改正的，处1000元以上10000元以下罚款：

(一)损坏使用中的杆塔基础的；

(二)损坏、拆卸、盗窃使用中或备用塔材、导线等电力设施的；

(三)拆卸、盗窃使用中或备用变压器等电力设备的。破坏电力设备、危害公共安全构成犯罪的，依法追究其刑事责任。

第二十一条 下列违反《电力设施保护条例》和本细则的行为，尚不构成犯罪的，由公安机关依据《中华人民共和国治安管理处罚法》予以处理：

(一)盗窃、哄抢库存或者已废弃停止使用的电力设施器材的；

(二)盗窃、哄抢尚未安装完毕或尚未交付使用单位验收的电力设施的；

(三)其他违反治安管理的行为。

《中华人民共和国电力法》有关条款(摘要)

第九章 法律责任

第六十一条 违反本法第十一条第二款的规定，非法占用变电设施用地、输电线路走廊或者电缆通道的，由县级以上地方人民政府责令限期改正；逾期不改正的，强制清除障碍。

第六十八条 违反本法第五十二条第二款和第五十四条规定，未经批准或者未采取安全措施在电力设施周围或者在依法划定的电力设施保护区内进行作业，危及电力设施安全的，由电力管理部门责令停止作业、恢复原状并赔偿损失。

第六十九条 违反本法第五十三条规定，在依法划定的电力设施保护区内修建建筑物、构筑物或者种植植物、堆放物品，危及电力设施安全的，由当地人民政府责令强制拆除、砍伐或者清除。。

第七十条 有下列行为之一，应当给予治安管理处罚的，由公安机关依照治安管理处罚法的有关规定予以处罚；构成犯罪的，依法追究刑事责任：

(一)阻碍电力建设或者电力设施抢修，致使电力建设或者电力设施抢修不能正常进行的；

(二)扰乱电力生产企业、变电所、电力调度机构和供电企业的秩序，致使生产、工作和营业不能正常进行的；

(三)殴打、公然侮辱履行职务的查电人员或者抄表收费人员的；

(四)拒绝、阻碍电力监督检查人员依法执行职务的。

《最高人民法院关于审理破坏电力设备刑事案件具体应用法律若干问题的解释》(摘要)

第一条 破坏电力设备，具有下列情形之一的，属于刑法第一百一十九条第一款规定的“造成严重后果”，以破坏电力设备罪判处十年以上有期徒刑、无期徒刑或者死刑：

(一)造成一人以上死亡、三人以上重伤或者十人以上轻伤的；

(二)造成一万以上用户电力供应中断六小时以上，致使生产、生活受到严重影响的；

(三)造成直接经济损失一百万元以上的；

(四)造成其他危害公共安全严重后果的。

第二条 过失损坏电力设备，造成本解释第一条规定的严重后果的，依照刑法第一百一十九条第二款的规定，以过失损坏电力设备罪判处三年以上七年以下有期徒刑；情节较轻的，处三年以下有期徒刑或者拘役。

第三条 盗窃电力设备，危害公共安全，但不构成盗窃罪的，以破坏电力设备罪定罪处罚；同时构成盗窃罪和破坏电力设备罪的，依照刑法处罚较重的规定定罪处罚。

盗窃电力设备，没有危及公共安全，但应当追究刑事责任的，可以根据案件的不同情况，按照盗窃罪等犯罪处理。

发现破坏电力设施违法行为应当如何检举？

如发现电力线路保护去违章施工、违法乱建、破坏电力设施等行为要第一时间与属地供电公司联系，请拨打电力服务举报热线**95598**。

根据《电力设施保护条例实施细则》第十九条规定： 电力管理部门对检举、揭发破坏电力设施或哄抢、盗窃电力设施器材的行为符合事实的单位或个人，给予2000元以下的奖励；对同破坏电力设施或哄抢、盗窃电力设施器材的行为进行斗争并防止事故发生的单位或个人，给予2000元以上的奖励；对为保护电力设施与自然灾害作斗争，成绩突出或为维护电力设施安全做出显著成绩的单位或个人，根据贡献大小，给予相应物质奖励。

临近电 需防护 工作时 要监护
按措施 保安全 有组织 有技术
在电气设备和电力线路上安全工作的组织措施和技术措施，要牢牢掌握、严格执行，确保设备、线路以及人身安全。
电设施 不乱接 电装置 莫拆卸
电计量 不绕越 电商品 莫偷窃
严禁在供电设施上擅自接线用电，绕越供电计量装置用电，擅动计量装置封印用电，故意损坏计量装置，故意使计量装置计量不准或失效，或采用其他方法窃电。
居民节约用电（折页）
居民安全用电（折页）
居民安全用电事故案例警示（折页）
触电防范与现场急救（折页）
农村家用漏电保护器常识（折页）
农村家用漏电保护器案例警示（折页）
农村安全用电（折页）
农村安全用电事故案例警示（折页）
消防安全与火灾自救（折页）
电气火灾案例警示（折页）
电力设施保护（折页）
电力设施保护案例警示（折页）
中小学生安全用电（折页）
高压电力用户安全用电（折页）
中小学生安全用电事故案例警示（折页）
155198.119
定价：2.00元
版权专有 翻印必究
安全知识进万家
折漫
页画
高压电力用户
安全用电
策划 英大传媒投资集团
组编 本书编委会
绘图 王瑞龙
服务报修电话
87970222 75695598
大用户 高电压 保安全 意义大
要用电 先报装 定方案 需协商
10~220kV高压电力用户的用电安全意义重大。用户申请用电后，供电企业应与电力用户协商确定供电方案，进行设计施工、中间检查及竣工验收，合格后签订《供用电合同》，装表送电。
重要户 自备电 保负荷 不间断
使用前 办手续 知情况 保安全
对重要用户和有重要负荷不能中断供电的普通用户须配自备发电机或不间断电源。供电企业应掌握电力用户设备的配置和使用情况，并指导电力用户安全使用。

电管理 要健全 设机构 配人员
人上岗 要持证 常考核 要过关
电力用户应配备运行和维修人员，建立电气工作人员的安全、培训和考核制度。电工人员须取得操作证才能上岗，并应熟悉与其工种、岗位有关的设备性能及操作方法。
电设施 各维护 按产权 划归属
电源侧 负荷侧 分界点 要记住
供电设施的运行维护管理范围，按产权归属确定。供电设施产权分界点电源侧由供电企业负责运行维护管理；分界点负荷侧由电力用户负责运行维护管理。
大用户 多电源 要防范 倒送电
双电源 莫并列 加闭锁 才安全
对双路(及以上)电力用户，应特别注意倒送电源造成的人身伤亡和设备事故。为防止两路电源的错误并列和倒送电源，应加装可靠的闭锁装置。
电事故 莫祸端 报政府 不隐瞒
按产权 定主体 不放过 严查办
电力用户发生电气或人身伤亡事故，应上报政府有关部门，不得隐瞒。电力事故的处理应按照资产产权归属确定主体。电力事故处理应坚持“四不放过”原则。
配电室 制度全 两票有 制度建
据需要 配资料 按设备 建档案
变压器的技术档案在哪呢?
变电站、配电室应建立两票管理制、交接班制、巡回检查制、值班制和其他相关现场运行管理制度，配备有关技术管理资料。供用电双方应加强技术业务联系和交流。
气候变 消隐患 防鸟害 防破坏
电设施 要防护 易燃物 要避开
电力用户应做好安全检查和消除隐患工作，包括防风、防雷、防雪、防鸟、防破坏等。安全距离内不堆放谷物、垃圾、易燃品等，不倾倒有害物品，不建建筑物等。
误操作 电火灾 对电网 有危害
多配合 做调查 细总结 早整改
当发生火灾、倒送电、操作不当等危害电力安全的事故时，电力用户应及时报告供电方，分析总结，配合事故调查及处理，形成事故报告并报送供电企业。
作业前 现场看 劳保品 要齐全
危险点 需知晓 危险源 要防范
作业现场的生产条件和安全措施应符合有关标准规范，劳保品和安全工器具应合格、齐备；作业人员应被告知其作业现场存在的危险因素、防范措施及紧急处理措施。